玄真午　韩国顺天大学生物学博士，常年致力于植物研究，著有《草木200种》《四季花山行》等多部关于植物研究的著作。

金三贤　毕业于韩国全北国立大学视觉设计系，曾在纽约视觉艺术学院学习插画。现在致力于儿童绘本工作。作品有《月亮散步》《饥饿的梦》等。

这本书有 7 个有趣的部分哦！

你好啊 种子	最让人好奇的种子之谜
相遇了 种子	一起来把种子种下去吧
好奇呀 种子	种子的秘密快来看这里
惊讶咯 种子	种子的那些“不可思议”
思考吧 种子	种子啊种子我想研究你
享受吧 种子	用种子来玩欢乐的游戏
保护它 种子	珍贵的种子我来保护你

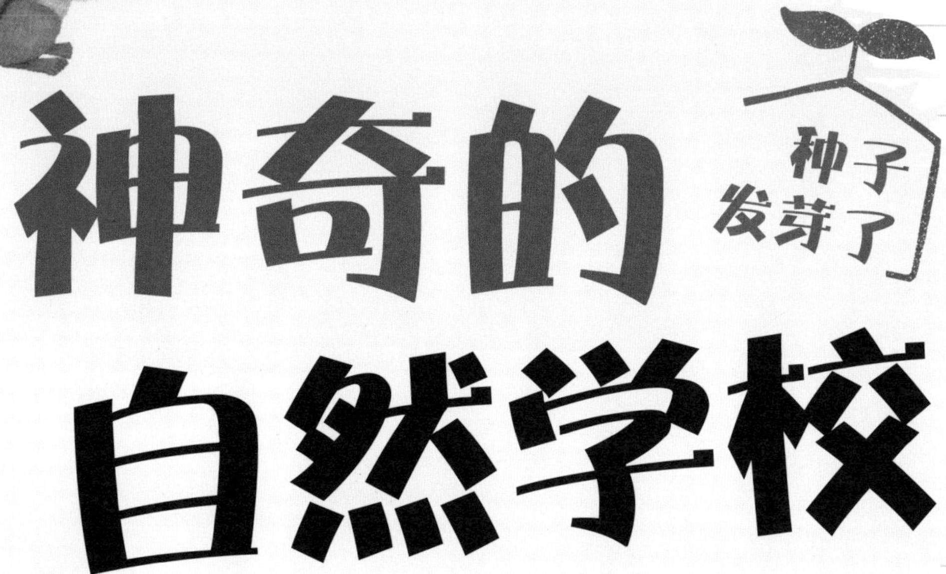

神奇的自然学校

种子发芽了

（韩）玄真午 著
（韩）金三贤 绘
崔 瑛 译

辽宁科学技术出版社
· 沈阳 ·

种子是什么？

吃蔬菜很简单，但是种菜却很不容易！
那当然，栽培蔬菜需要投入大量的时间和精力。
6
30
15
5
奶奶，种子好小啊！
农作物都是从一粒粒这么小的种子长大的。
14

只有精心照料这些小小的种子，它们才能发芽，然后结出饱满的果实呀！
为什么要这么精心播种啊？
种子是我们的食物。
种子里面有很多营养物质。
57
56

一起来种葡萄籽吧！

多吃点儿啊！
这是奶奶辛辛苦苦种出来的。
谢谢奶奶！
哇，是我喜欢的葡萄！

哥哥，葡萄甜吗？
甜！

啊！一点儿也不甜，你说谎！
哈哈，谁叫你把葡萄籽嚼碎了！直接吞下去就行了！

吞下去吗？葡萄籽不需要吐出来吗？
吐籽多麻烦呀，不用吐。

它们会在你的肚子里生根发芽！

我的肚子里要长出葡萄啦!
天啊! 怎么办, 哥哥?
不要担心, 葡萄是不可能从肚子里长出来的, 葡萄籽会跟着粪便一起排出去的.
真的吗?
是的, 种子需要种到土里才能发芽, 而且还需要给它浇水, 让它晒太阳.
要是能长出葡萄就好了!
葡萄, 你快点儿长出来吧!

你有没有和父母一起在院子里种过植物？

有没有在阳台养过花花草草？

你想种西红柿和辣椒吗？让我们一起去寻找它们的种子吧！

我们可以去市场里找找看，那里有卖种子的摊位。
你能区分出西红柿的种子和辣椒的种子吗？
一粒粒种子好小呀！很难想象出它们长大后的样子吧！
种子长大之后就会变成我们每天吃的蔬菜和水果！

种子一般长在植物的果实里面。

比如苹果、桃子、西瓜这样的水果。

吃桃子的时候，你会发现里面有硬硬的、棕色的，还带着纹路的东西，那就是桃子的种子。

桃子外层柔软的部分叫果肉，里面坚硬的部分叫种子，这两部分加起来就是桃子的果实。

有些植物，每颗果实中只有一粒种子，而有些植物，每颗果实中有很多粒种子。

种子的形状千差万别。

扁平的、长长的、圆鼓鼓的、半月形的……种子的形状各式各样。形状不同的种子，长出来的叶子形状也会有所不同。

波斯菊的种子是细长的，它长出来的叶子也是细长的。

凤仙花的种子是圆鼓鼓的，它长出来的叶子也是圆鼓鼓的。

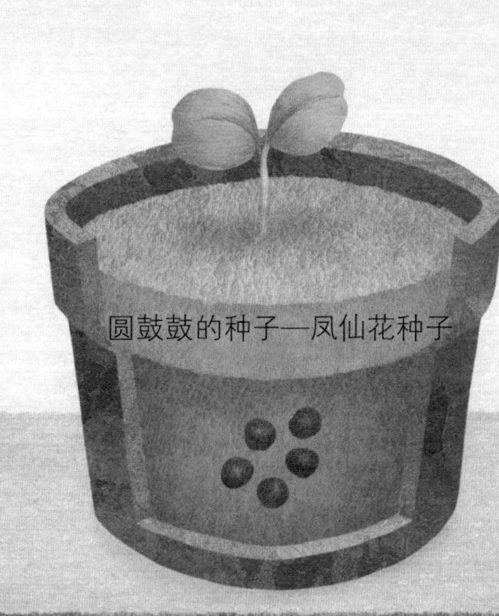

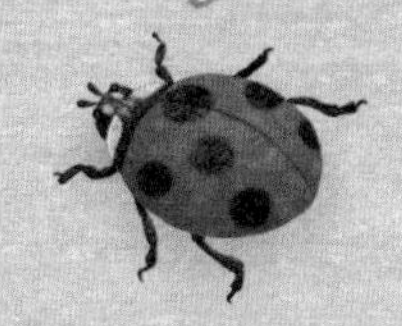

不同种类的植物，种子的大小和重量也千差万别。兰花的种子特别轻，每个兰花果实里有数万个种子。与兰花种子相比，塞舌尔海椰子种子要大得多，重量也很惊人。

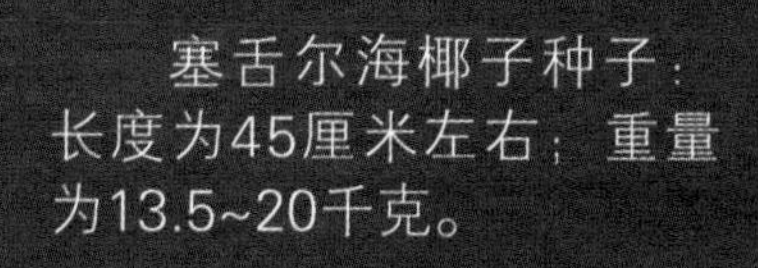

豌豆　赤小豆　白豆　牛油果种子　椰子种子

塞舌尔海椰子种子：长度为45厘米左右；重量为13.5~20千克。

种子的颜色也很丰富多彩，有黑色、棕色、白色、绿色等各种各样的颜色。

种子也会有味道吗?

大部分种子几乎没有任何味道。

所以我们把大米、高粱米等粮食混在一起，做杂粮饭吃。

玉米粒、栗子、花生米这样的种子，烤着吃会有香喷喷的味道。

有些植物的果实就是种子

仔细观察松球，就会发现有许多小颗粒挤在翅膀一样的鳞片之间。松球是松树的果实，而这些小颗粒是它的种子。很多植物像松树一样，种子长在果实里。但是，也有一些植物，比如水稻、大麦、向日葵等，果实就是种子。

大麦

来看看种子的生长、变化过程吧！

有一句谚语叫“种瓜得瓜，种豆得豆”。
的确，播种不同的种子，收获的果实也不同。
而不同种类植物的种子，生根发芽的过程也不一样。

瞧，黄豆露出来了！

这是黄豆。　从种子里长出了小嫩芽。　嫩芽越长越大。　茎露出地面。

因为有了种子，植物才可以在地球上繁衍下去。
参天大树也是由一粒小小的种子长成的。
芡实（睡莲科植物）叶片很大，但它也是从指甲般大小的种子里一点点钻出来，慢慢长大的。

这是芡实。　从种子中长出了嫩芽。　嫩芽顶出了地面。　长出了根须。叶子数量也增加了。

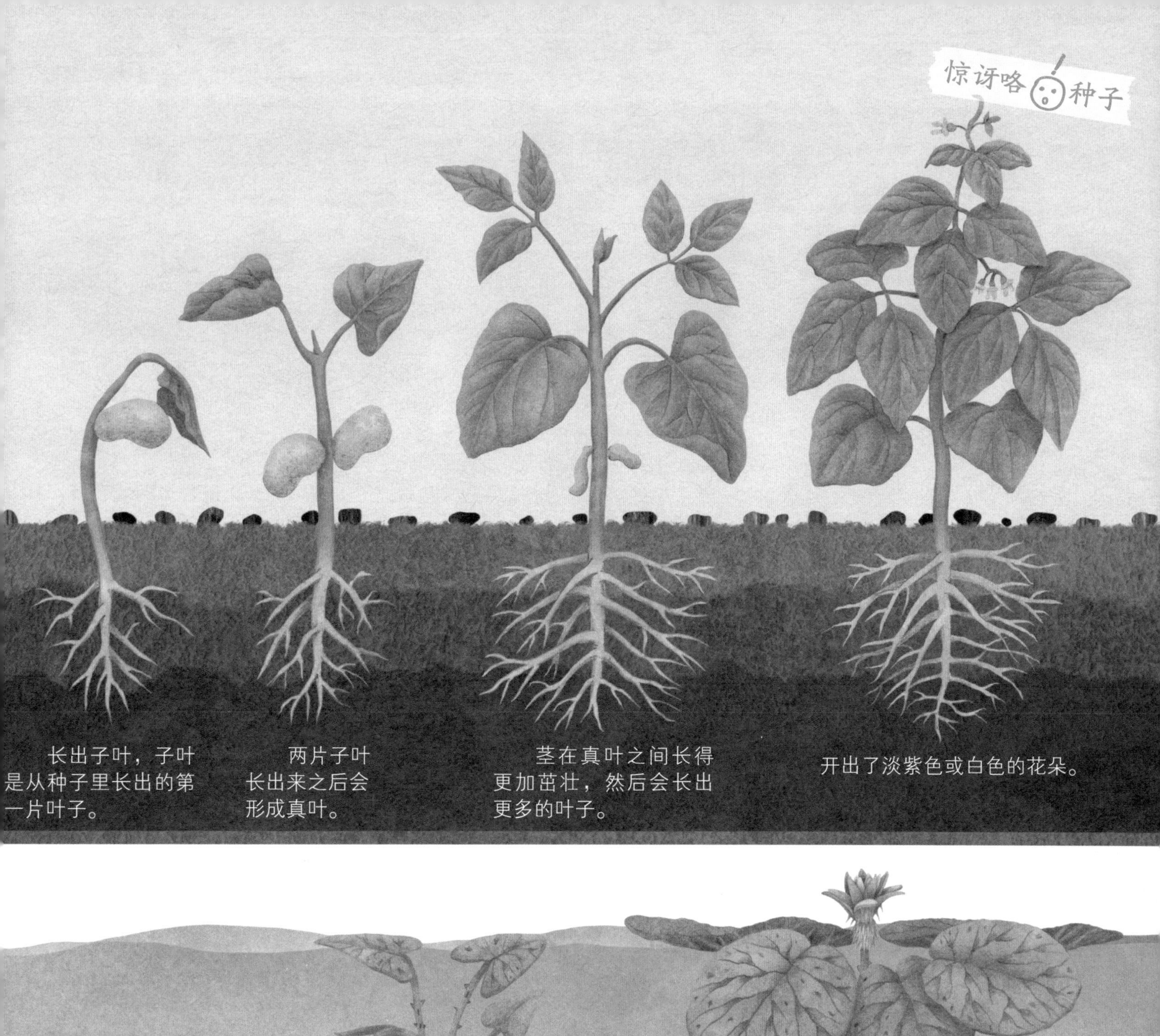

长出子叶，子叶是从种子里长出的第一片叶子。

两片子叶长出来之后会形成真叶。

茎在真叶之间长得更加茁壮，然后会长出更多的叶子。

开出了淡紫色或白色的花朵。

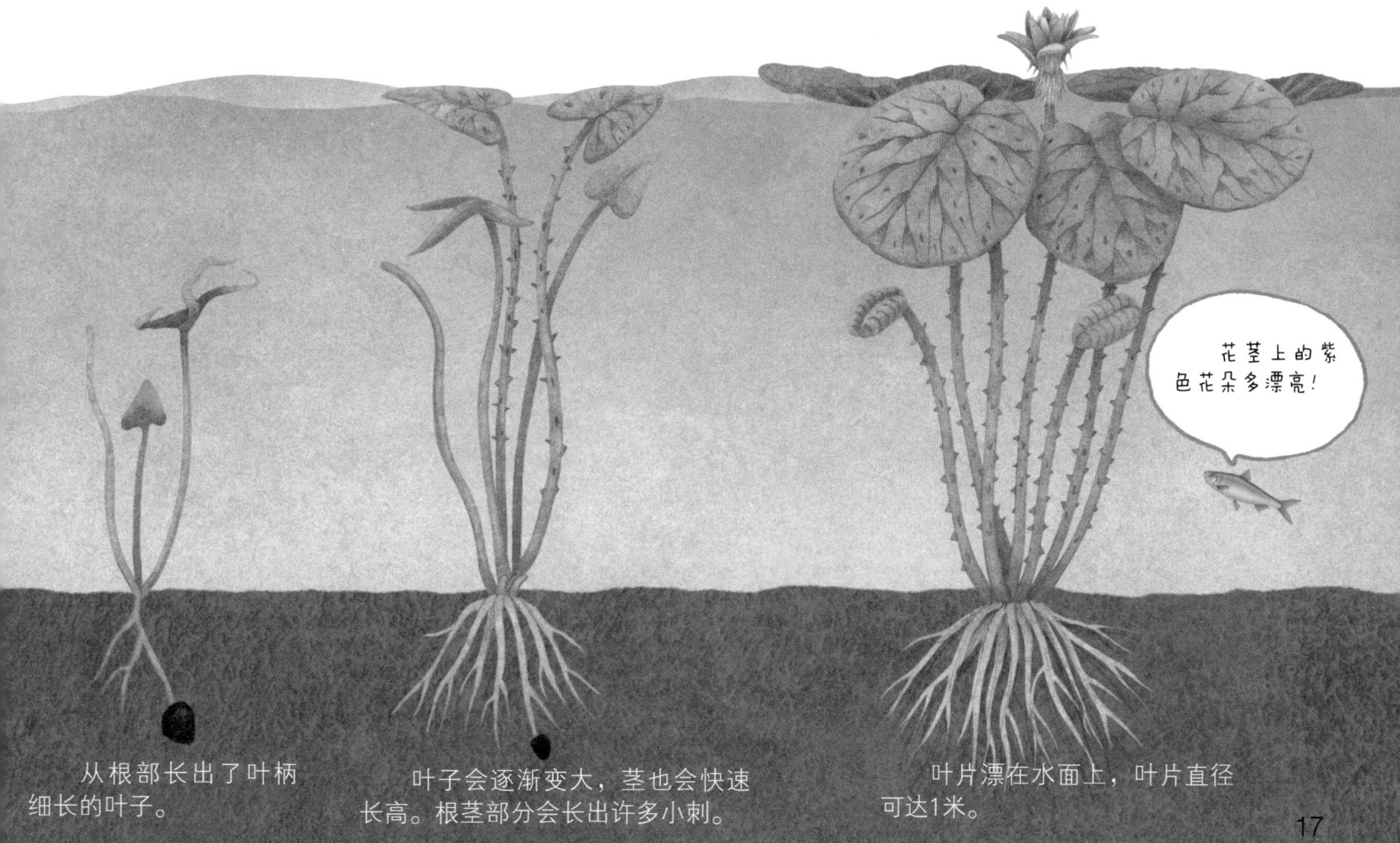

从根部长出了叶柄细长的叶子。

叶子会逐渐变大，茎也会快速长高。根茎部分会长出许多小刺。

叶片漂在水面上，叶片直径可达1米。

种子里面都有什么？

种子为什么会生根、发芽、长叶、结果呢？
让我们一起看看种子里面的神奇世界吧！

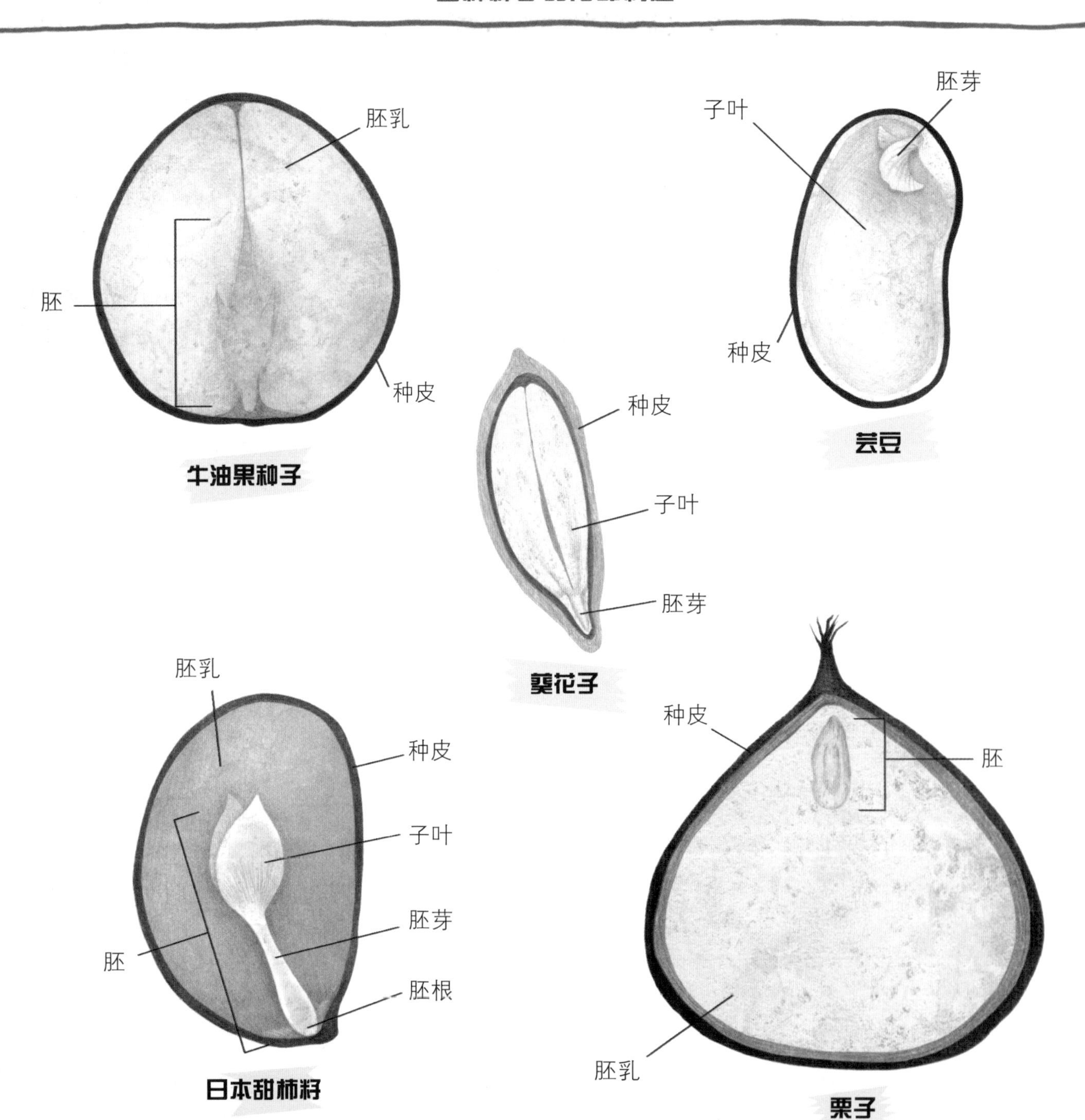

种子里面有子叶和胚乳，还有胚芽、胚轴和胚根。

有些植物的种子无胚乳，供胚发育的营养物质储存在子叶中。有些植物（如玉米）的种子有胚乳，供胚发育的营养物质储存在胚乳中。胚根发育成根，胚芽发育成茎和叶，胚轴发育成连接茎和根的部分。

玉米粒的成长过程

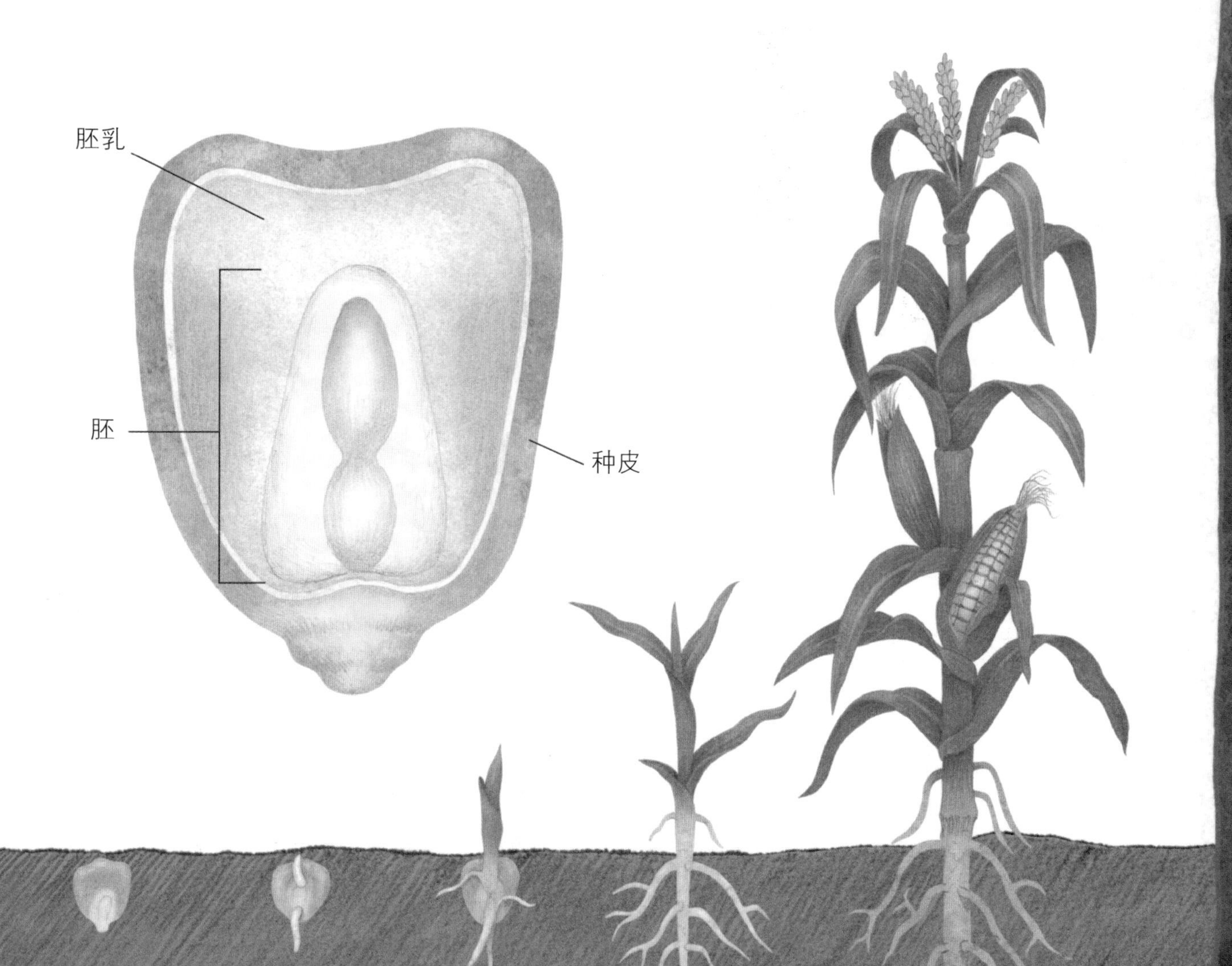

种子发芽的秘密

播种之后，还需要为种子提供适宜生长的环境。

首先是适当的水分。

种皮在水分的作用下会发涨，然后会长出小嫩芽。

此外还需要适当的阳光和氧气。

种子虽小，但也是一个生命。

天气太冷或太热的时候，种子都不会发芽。

寒冷的冬天，种子会在地里冬眠。

温暖的春天适合种子发芽。

大部分种子喜欢阳光照射，但是也有一些种子喜欢阴凉的地方。

生菜、胡萝卜、白菜、草莓等植物发芽时需要充足的阳光照射，所以播种的时候不要埋得太深。

西红柿、黄瓜、茄子、大葱、萝卜等植物的种子只有在阴凉的地方才会发芽，所以播种的时候要埋得深一些。

唤醒睡梦中的种子

天气干燥的时候容易引起山火。

山火会造成森林中的植物被烧毁。

然而，山火过后，不可思议的事情发生了，一时间，各种各样的植物竞相发芽。

这是因为，山火提供了适当的光和热，唤醒了冬眠中的种子。

天气干燥，山里着火了！

森林瞬间变得一片狼藉。

山火过后，地面长出了很多嫩芽。这是因为种子从睡梦中醒来了。

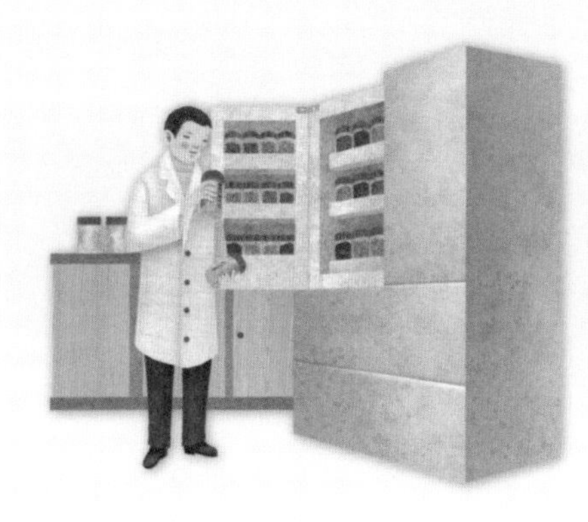

有的种子在冰箱里放置一段时间后，发芽的速度会变快。

这是因为低温也可以唤醒种子。

比如长在山野或田间的榆树和蒲公英，它们的种子在低温环境放置一段时间后，发芽的速度会变快。

在田野中也有沉睡的种子，

它们深埋地下，经过野生动物的翻动，重新接近地面，在阳光和空气的作用下开始发芽。比如雀麦草、苇状羊茅、马唐等植物的种子。

稀疏的田野。

野猪和獐子为了寻找食物，到处翻土。

土被翻动之后，埋在土里的种子在阳光和空气的作用下发芽了。

小种子，大智慧

植物不能像动物一样随意移动，那么它们是怎样把自己的种子散播到远处的呢？

首先是做好防护工作。

为了在散播到远处的过程中完好地保护种子，很多植物都用厚厚的果肉包裹着种子，比如苹果、桃子、梨等。

接下来，植物就要开启散播种子之旅啦！植物会借助一切力量来让种子散播开来，其中有两种主要的“旅行方式”：依靠动物和借助风力。

草食动物、杂食动物或鸟类会把果实当作食物吃掉，再将种子排出体外，这样就散播了种子。

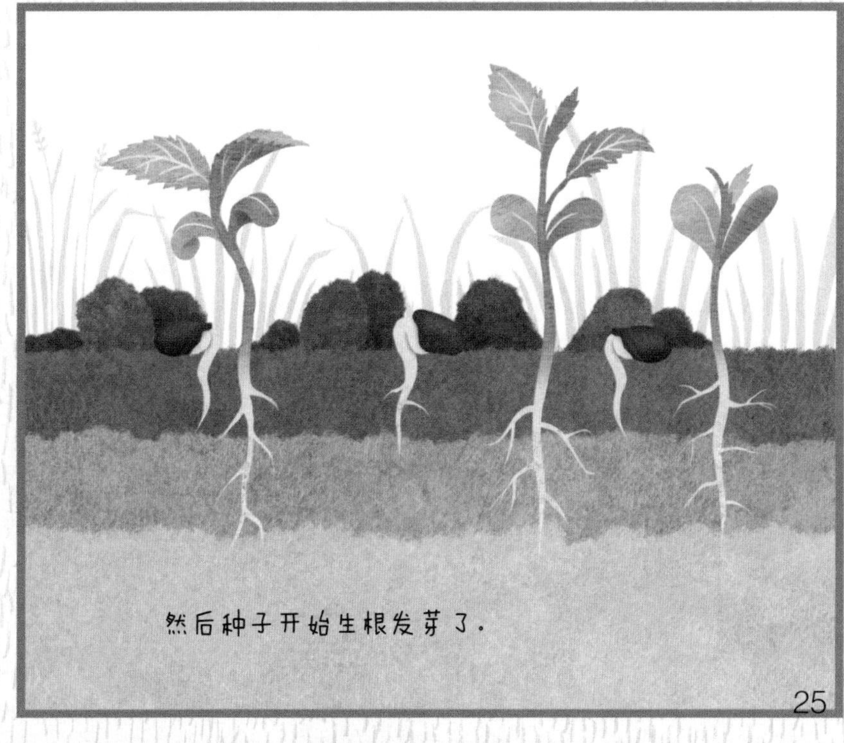

有些植物的种子可以借助风力散播到远方，比如蒲公英。

蒲公英的果实是由种子和冠毛组成的。

在冠毛的助力下，蒲公英的种子可以随着风飞来飞去。

枫树的种子像直升飞机的螺旋桨一样，转来转去，飘落到远方。

像鬼针草这类植物的种子带有刺，可以吸附在动物身上，到别的地方去旅行。

除了借助风力和动物，还有些种子能够靠自身的力量弹到远处，比如堇菜和凤仙花的种子。这类植物的果皮是有弹力的，果皮破裂的时候，里面的种子会弹出来，弹到很远的地方。

种子旅行大法之海上漂移

椰子种子可以通过海水来移动。

种子旅行的智慧令我们惊讶，有的通过动物排泄物，有的通过风力，也有的种子是吸附在人或动物的身上来移动的。更令人称奇的是椰子种子。它被坚硬的外壳包裹着，可以在海面上漂浮，随着海洋的洋流四处旅行。

裸子植物和被子植物

根据种子的外部有无果皮包裹，可以将有种子的植物分为两类：裸子植物和被子植物。凤仙花、向日葵属于被子植物。另外，被子植物是可以开花的，所以被称为开花的植物；而裸子植物是不会开花的，比如松树、桧树等。

凤仙花

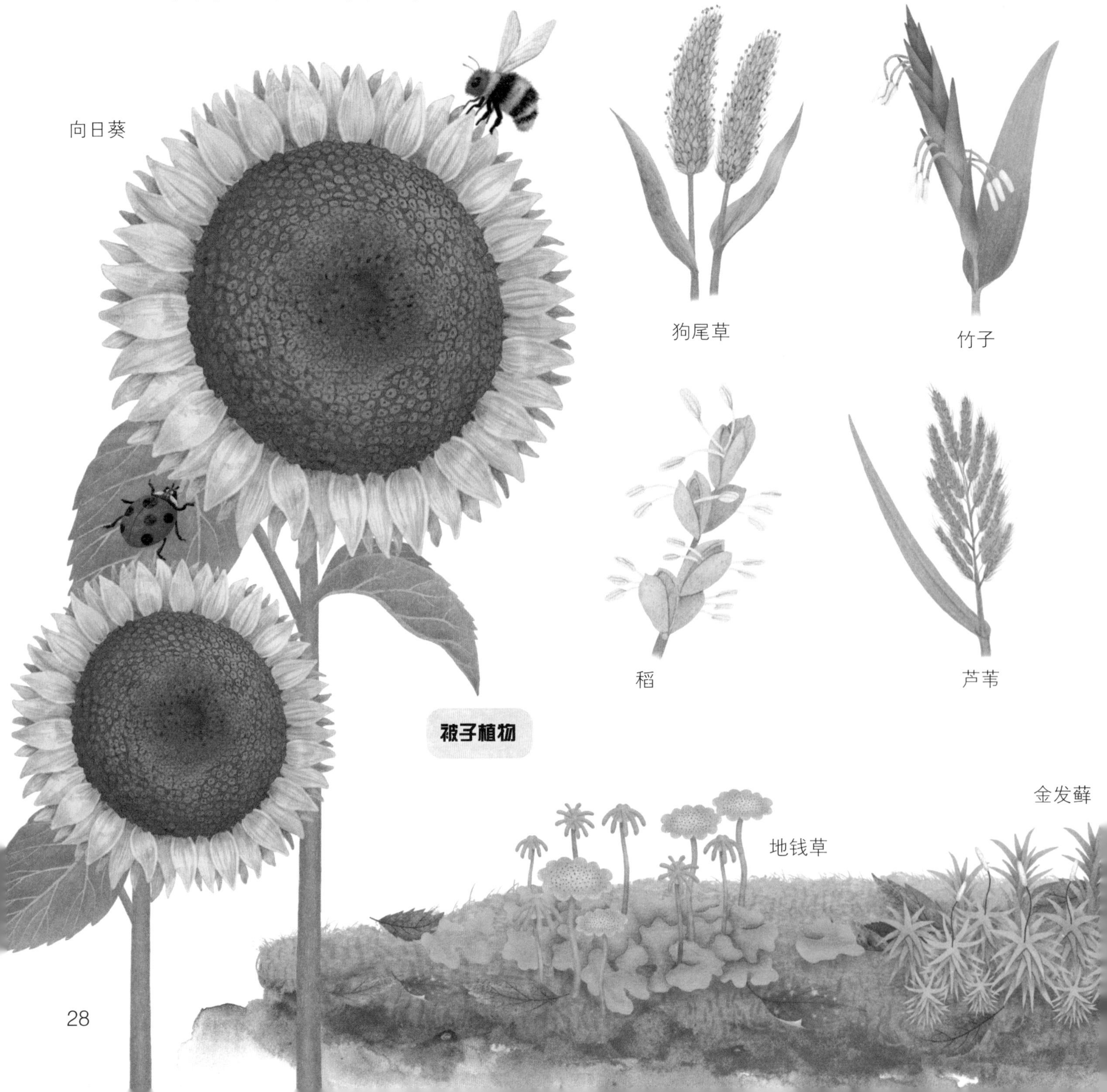

孢子植物

地球上有很多植物，但不是所有的植物都有种子，有的植物会长出代替种子的孢子，这类植物叫孢子植物，比如紫菜、蕨菜等都属于孢子植物。

没有种子的水果

所有的水果都有种子吗？

我们经常吃的香蕉就没有种子。

其实以前野生的香蕉是有种子的。

人们在种香蕉的过程中，偶然发现了没有种子的香蕉。

为了让人们更加方便地吃香蕉，人们就开始培育这种没有种子的香蕉了。

那么没有种子的香蕉是怎么培育出来的呢？

人们是用无籽香蕉的根茎培育出来的。

很多没有种子的水果或花朵都是用这种方法培育出来的。

以前菠萝也是有种子的。现在市面上售卖的菠萝都没有种子，还有没有种子的葡萄、西瓜等水果。

为了培育出更漂亮的花朵，人们对植物进行了改良。

我们在花坛或者马路边可以看到不用种子来繁育的花朵，这都是人为改良的品种，比如大丽花、藤本蔷薇等。

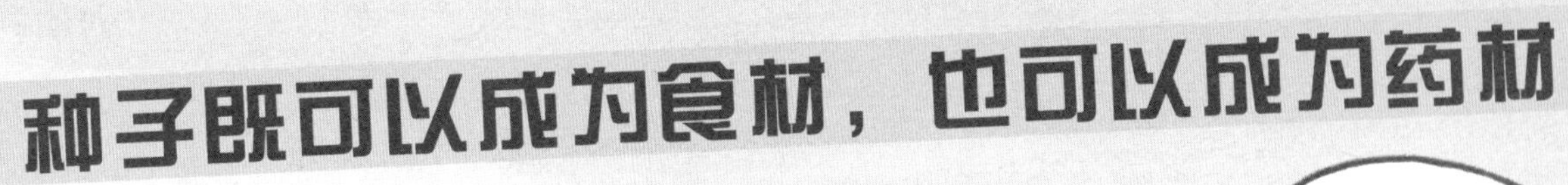

种子既可以成为食材，也可以成为药材

种子是由油脂和淀粉组成的。

种子可以成为我们的食材。

生活中我们经常吃的主食——米饭、馒头等，既有营养，又好吃，都是用种子加工而成的。

我们还可以用小麦的种子来制作面包。

我们也可以用种子来制作各种食用油。比如用玉米粒来制作玉米油，用芝麻制作香油等。

黄豆的营养价值比较高，可以做酱油、豆腐等。

有些种子还是药材，比如银杏、核桃等。

为未来储备种子，建立种子库

虽然地球上的植物种类繁多，但是其中一些植物濒临灭绝。为了防止植物灭绝，近些年人们建立了全球种子库，储存了来自各国的种子。

斯瓦尔巴全球种子库：坐落于挪威斯瓦尔巴群岛上。截至2018年2月，种子库里储存的种子样本已超过100万份。

为了储存各种种子，需要使种子库一直维持适当的温度和湿度。科学家会经常观察种子库里种子的情况。储存在这里的种子，在需要的时候可以直接播种。

最近人类研发了将种子在比干冰更低的温度下极速冷冻后储存的技术。通过这样的方法来保护一些濒临灭绝的植物。

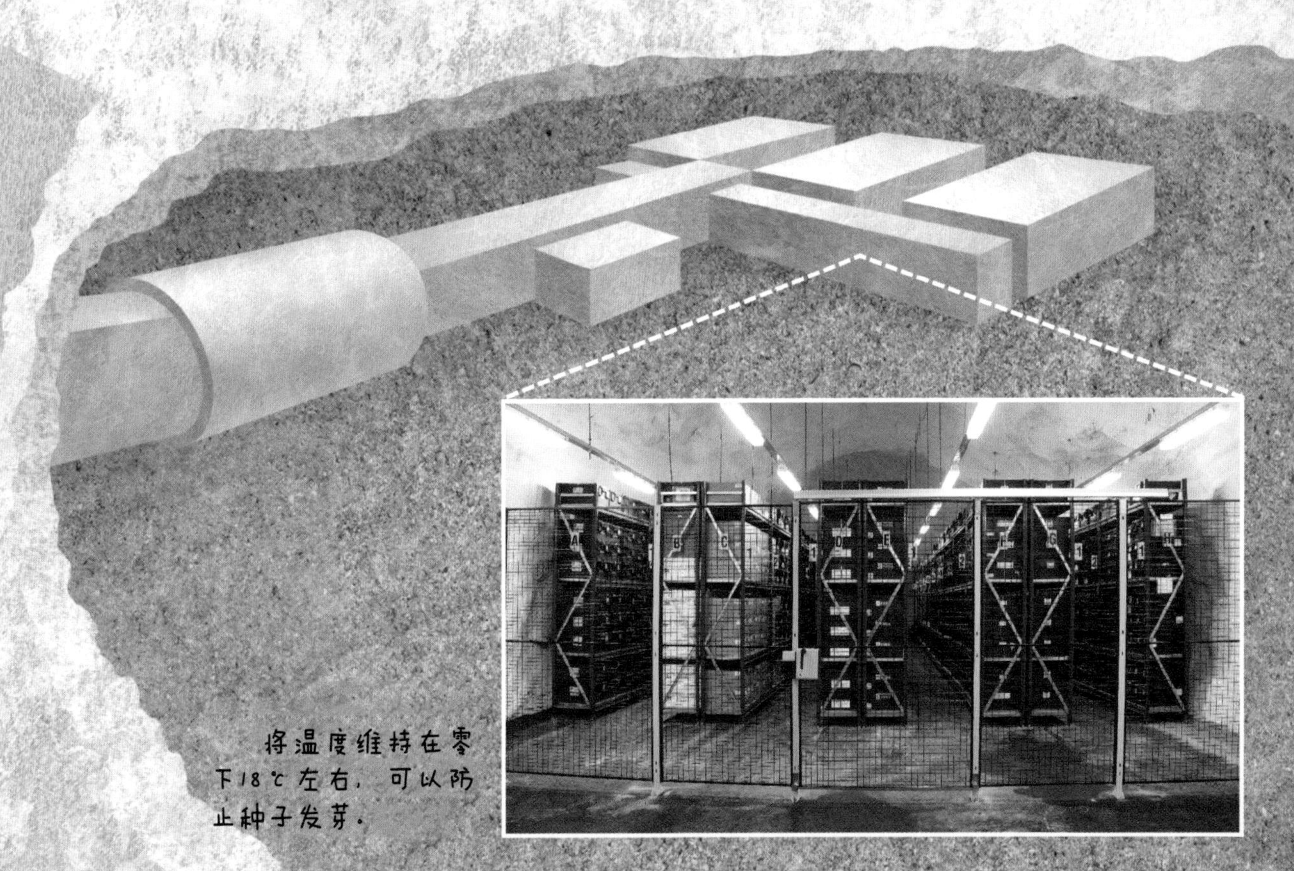

将温度维持在零下18℃左右，可以防止种子发芽。

植物只能靠种子来繁殖吗？

裸子植物和被子植物一般是通过种子来繁殖的，但其中一些植物也可以通过扦插的方式繁殖，比如栀子、绿萝等。此外，竹子的繁殖方式也有所不同。竹子会往地下扎根，在树根上面会长出新的竹子。

竹子的竹鞭

种子多种多样，大小不一，颜色、花纹各异，用这些种子来玩游戏吧！

照种子的花纹画画

① 准备有花纹的种子。葵花子的花纹是竖着的，奶花豆的花纹像斑点一样。

② 用放大镜来观察它们，然后根据它们的花纹来画画。

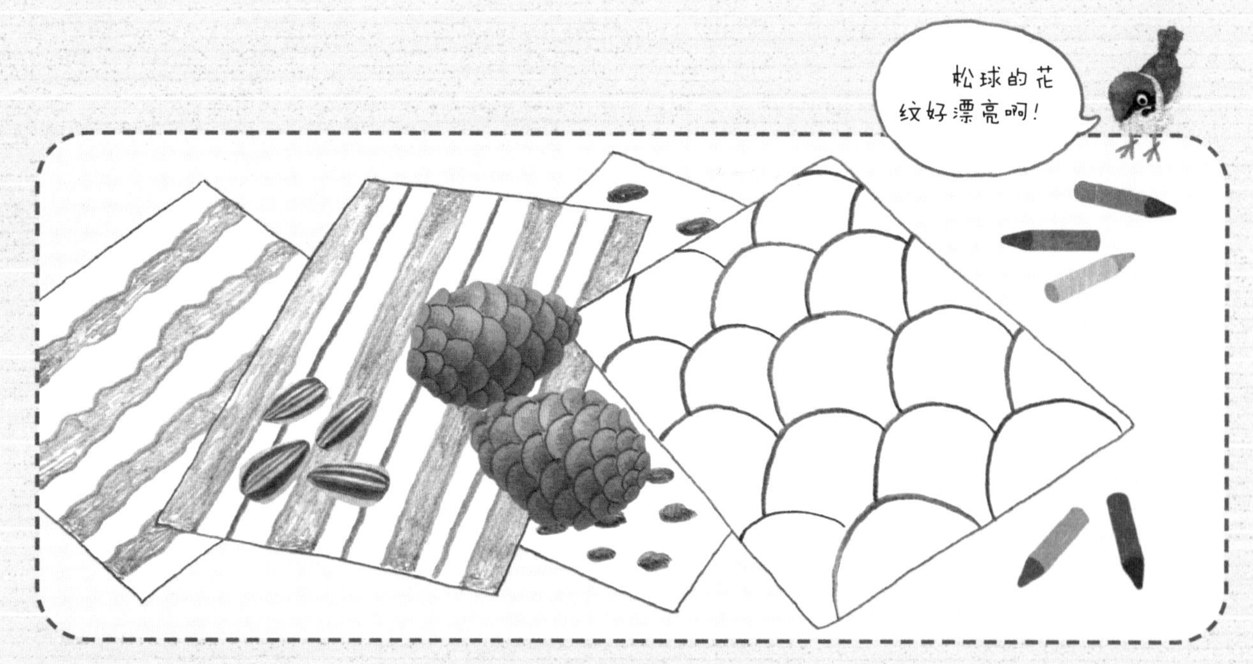

③ 反复描摹它们的花纹，还可以在此基础上创造出独特的花纹。

香蕉没有种子！

用种子来做手工

❶ 准备黑卡纸、蜂蜜和各种各样的种子。

❷ 先在黑卡纸上画出你想做的图案。

❸ 依照图案在黑卡纸上涂上蜂蜜，然后把种子轻轻地放在上面。

❹ 终于完成了！

去森林中寻找最大的果实，观察它的种子

在森林中，我们可以发现各种各样的果实，比如栗子、松球、橡子等。

来比一下谁捡的果实最大吧！

然后一起观察果实里的种子吧！

哈哈，
好开心啊！
这个果
实最大。
果实里面
的种子会是什
么样子呢？
回去之前记
得把捡到的种子
放回原地哦！

爱惜种子，保护动物们的食物

种子不仅是人类的食物，更是动物们赖以生存的食物来源。

森林中的松球、栗子等是动物们用来维持生命的食物。

本土植物是指那些产地在当地或起源于当地的植物，本土植物的种子叫本土种子。归化植物是指本地原本没有的外来植物，通过风力、大海或人为活动来到本地。有些归化植物生命力较强，甚至对本土植物造成侵害，使本土植物失去生存空间。

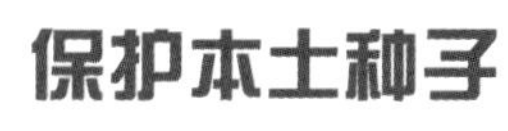

保护本土种子

一旦本土种子灭种，会导致严重的粮食危机，而且研发新的植物品种或制作药品都需要本土种子，因此我们要对保护本土种子加以重视。

作者说

繁衍后代是生物的本能之一。动物们会通过生育来繁衍后代，而植物们通过留存种子来繁衍后代。

植物的生存能力比我们想象的要强大得多，不管多么贫瘠的土地，都有种子能够生根、发芽、成长。

种子是粮食的重要来源，对我们人类来说非常重要。榨油用的黄豆、玉米粒、葵花子都是种子。这么一说，你发现种子的伟大了吧！种子里面不仅有营养物质，还有遗传物质。如果植物本体灭绝了，只要种子还存留着，我们就又可以重新培育出一样的植物。利用种子的特性，近些年人们建了种子库，用来防止植物灭绝。

种子是绿色地球的根源。没有种子，就没有植物；没有植物，就没有维持地球生命的能量和氧气。可以说，种子与我们的生命息息相关。种子虽小，但力量却是无穷的！我们一定要好好保护种子，这一点要铭记于心！

玄真午

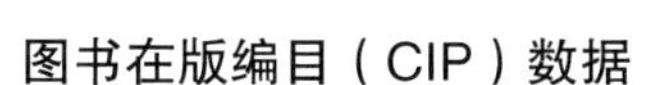

图书在版编目（CIP）数据

神奇的自然学校. 种子发芽了 /（韩）玄真午著；（韩）金三贤绘；崔瑛译. — 沈阳：辽宁科学技术出版社, 2021.3
ISBN 978-7-5591-1384-9

Ⅰ. ①神… Ⅱ. ①玄… ②金… ③崔… Ⅲ. ①自然科学—儿童读物 ②发芽—儿童读物 Ⅳ. ①N49 ②Q945.34-49

中国版本图书馆CIP数据核字（2019）第238457号

出版发行：辽宁科学技术出版社
（地址：沈阳市和平区十一纬路 25 号 邮编：110003）
印 刷 者：上海利丰雅高印刷有限公司
经 销 者：各地新华书店
幅面尺寸：230mm × 300mm
印　　张：5.5
字　　数：100 千字
出版时间：2021 年 3 月第 1 版
印刷时间：2021 年 3 月第 1 次印刷
责任编辑：姜 璐 马 航
封面设计：吴晔菲
版式设计：李 莹 吴晔菲
责任校对：韩欣桐

书　　号：ISBN 978-7-5591-1384-9
定　　价：32.00 元

投稿热线：024-23284062
邮购热线：024-23284502
E-mail：1187962917@qq.com